Stefan Seehagen

Agrargeographie: Physisch-geographische Rahmenbedingungen und agrarwirtschaftliche Systeme

GRIN Verlag

Bibliografische Information der Deutschen Nationalbibliothek:

Die Deutsche Bibliothek verzeichnet diese Publikation in der Deutschen National-
bibliografie; detaillierte bibliografische Daten sind im Internet über http://dnb.d-
nb.de/ abrufbar.

Impressum:

Copyright © 2002 GRIN Verlag GmbH
Druck und Bindung: Books on Demand GmbH, Norderstedt Germany
ISBN: 978-3-656-69579-0

Dieses Buch bei GRIN:

http://www.grin.com/de/e-book/108367/agrargeographie-physisch-geographische-
rahmenbedingungen-und-agrarwirtschaftliche

Seminararbeit

am Institut für Wirtschaftsgeographie

Wirtschaftsgeographische Aspekte der Umweltökonomie und der Ressourcenmanagements

Sommersemester 2002

Agrargeographie: Physisch-geographische Rahmenbedingungen und agrarwirtschaftliche Systeme

Seehagen, Stefan

Wirtschaftsgeographie (Dipl.)

2. Fachsemester

05.06.2002

1. Einleitung

Auch wenn in dem uns bekannten industriell und dienstleistungsgeprägten Umfeld die Landwirtschaft scheinbar nur eine untergeordnete Rolle spielt, so bildet sie nach wie vor die Grundlage der Nahrungsmittelproduktion. Global gesehen kommt der Agrarwirtschaft ein noch viel höherer Stellenwert zu, da in den Entwicklungsländern der Erde trotz des hohen Beschäftigungsgrades in der Landwirtschaft ca. 600 – 800 Millionen Menschen an Unterernährung leiden (vgl. SICK 1997:173). Dieses Problem ist nur ein Aspekt der Agrargeographie, deren Forschungsfelder, Entwicklung und Inhalte in dieser Arbeit erläutert werden. Auch Bereiche der Klimageographie werden notwendigerweise angesprochen, da sie wesentlich zum Verständnis der landwirtschaftlich genutzten Räume der Erde beitragen. Letztlich werden einige aktuelle Probleme genannt, die den heutigen Schwerpunkt agrargeographischer Forschung bilden.

2. Aufgaben und Entwicklung der Agrargeographie

Die Agrargeographie lässt sich als die Wissenschaft von der räumlichen Ordnung und Organisation der Landwirtschaft definieren. Die Landwirtschaft befasst sich wiederum mit der „...Bewirtschaftung des Bodens und mit der Viehzucht zum Zwecke der Erzeugung von Nahrungsmitteln pflanzlicher oder tierischer Herkunft..." (LESER 2001:455).

Eine stark landschaftskundlich geprägte Sicht der Agrargeographie vertritt *Otremba* (1976). Nach seiner viel zitierten Definition ist die Agrargeographie die Wissenschaft „...von der durch die Landwirtschaft gestalteten Erdoberfläche, sowohl als Ganzes als auch in ihren Teilen, in ihrem äußeren Bild, ihrem inneren Aufbau und ihrer Verflechtung." Ihre Hauptaufgabe besteht demnach in der räumlichen Interpretation landwirtschaftlicher Erscheinungsformen auf der Erde (vgl. ROTHER 1988:36).

Die ersten argrargeographischen Untersuchungen wurden bis zum Ende des 19. Jahrhunderts in erster Linie von Landwirten, Kulturhistorikern und Volkswirten vorgenommen, Fachgeographen beteiligten sich hingegen kaum. Die Schwerpunkte dieser Werke, wie z.B. der „Beschreibung der Landwirtschaft in Westfalen und dem anschließenden Rheinpreußen" von Johann Nepomuk v. Schwerz (1759-1844), bildeten jedoch Deskriptionen landwirtschaftlicher Erscheinungsformen ohne systematische Erklärungsansätze (vgl. ARNOLD 1985:22). Das im Jahre 1826 erschienene Werk „Der isolierte Staat in Beziehung auf Landwirtschaft und Nationalökonomie" von *Heinrich v. Thünen* bildete einen lange unbeachteten Ansatz zur Erklärung agrar- bzw.

wirtschaftsgeographischer Zusammenhänge. Darin begründete *v. Thünen* bereits in der Frühzeit der Agrarwissenschaften auf deduktive Weise eine landwirtschaftliche Standorttheorie, die in Grundzügen bis heute Gültigkeit hat (vgl. ARNOLD 1985). In der Folgezeit machte die Agrargeographie keine weiteren Fortschritte, bis *Th. H. Engelbrecht* (1854-1934) erstmals mit Hilfe der verfügbaren Agrarstatistik die Erde in verschiedene Landbauzonen einteilte. Dabei grenzte er Intensivräume der wirtschaftlich wichtigsten Nutzpflanzen und Haustiere ab. Ihren Durchbruch erlebte die Agrargeographie in der Zeit zwischen den beiden Weltkriegen – im Zuge des allgemeinen Aufschwungs der Wirtschaftsgeographie. Nun widmeten sich auch Fachgeographen verstärkt der Agrargeographie, die nun für mehrere Jahrzehnte den wichtigsten Bereich der Wirtschaftsgeographie bildete. Nach *Arnold* (1985) ist die weitere Entwicklung gekennzeichnet durch folgende Momente:

a) Lösung vom Naturdeterminismus

Die Agrargeographie löst sich von der einseitigen Bestimmung menschlichen Handelns durch natürliche Faktoren. Das Prinzip der Wechselwirkung, wonach der wirtschaftende Mensch unter dem Einfluss des Naturraums steht und diesen gleichzeitig durch sein Handeln verändert, wird formuliert. Die Widerstände der Natur werden als betriebswirtschaftliche Kosten gewertet.

b) Zentrale Stellung des Begriffs der Agrarlandschaft

Die Erforschung von Agrarlandschaften, also Raumeinheiten mit einheitlichen physiognomisch erkennbaren Merkmalen wie Flur und Siedlung, Art und Weise der Bodenbewirtschaftung sowie Sozialstruktur der Bevölkerung (vgl. LESER 2001:19) stellt speziell in Deutschland bis 1970 ein Hauptanliegen der Agrargeographie dar.

c) Neue Forschungsrichtungen wie Sozialgeographie, behavioral geography und Innovations-/Diffusionsforschung

Nach dem zweiten Weltkrieg bildete sich als Folge der aufblühenden Sozialwissenschaften die *Sozialgeographie* als neue Teildisziplin heraus. Im Blickpunkt standen hier die menschlichen Sozialgruppen als Träger raumgestalterischer Prozesse. Die sogenannte Münchener Schule (*W. Hartke, K. Ruppert*) beschäftigte sich mit spezifischen Verhaltensweisen verschiedener sozialer Gruppen. Erscheinungen in der Agrarlandschaft wie Aufforstungen, spez. Feldpflanzen oder Pachtflächen gelten demnach als Indikatoren für bestimmte sozioökonomische Prozesse.

In den angelsächsischen Ländern bildete sich die *behavioral geography* heraus, die alle im Menschen ablaufenden Prozesse untersucht, die zu raumwirksamen Entscheidungen führen.

Ebenfalls auf die Sozialwissenschaften geht die agrargeographische *Innovations- und Diffusionsforschung* zurück, die sich mit räumlichen und zeitlichen Ausbreitungsvorgängen von Neuerungen befasst.

d) modellhaft-theoretische Fragestellungen

Durch die allgemeine Mathematisierung der Wissenschaften etablierte sich in den fünfziger Jahren eine quantitative und theoretische Geographie. Elektronische Hilfsmittel ermöglichten die Erfassung und Verarbeitung der Fülle agrargeographischer Daten, was eine Klassifizierung von Agrarräumen mit numerisch-analytischen Methoden erlaubte.

e) nachfrageinduzierte Praxisorientierung

Der Schwerpunkt der agrargeographischen Praxis liegt in Deutschland im Bereich der Grundlagenforschung für die Entwicklungshilfe.

Insgesamt kann festgehalten werden, das alle fünf Ansätze – je nach „Schule" mit unterschiedlicher Intensität – weiterverfolgt werden. Daher kann es keine einheitliche Antwort auf die Frage geben, nach welchem Ansatz die Agrargeographie heute vorgeht.

3. Einflussfaktoren des Agrarraums

Wie bereits erwähnt, werden Agrarsysteme neben den Naturdeterminanten von weiteren Faktoren beeinflusst. *Arnold* (1985) nennt insgesamt vier Gruppen:

- Naturfaktoren
- Wirtschaftliche Faktoren
- Individuelle und soziale Faktoren
- Politische Faktoren

Wirtschaftliche Faktoren

Landwirtschaftliche Aktivitäten werden stark von dem wirtschaftlichen Stand der Gesellschaft geprägt. Während in einer vorindustriellen Gesellschaft die Landwirtschaft eher eine Lebensform für den Großteil der Bevölkerung bildet, müssen sich agrarwirtschaftliche Aktivitäten in einer stark arbeitsteiligen Industriegesellschaft stark an den Anforderungen des Marktes orientieren und rentabel wirtschaften. Das bewirkt z.B. eine steigende Bedeutung des Produktionsfaktors Kapital, etwa in Form von Maschinen,

Düngemitteln, Stallanlagen zur Massentierhaltung etc.. Somit verändert sich die landwirtschaftliche Struktur eines Wirtschaftsraumes mit zunehmendem ökonomischem Fortschritt (vgl. ARNOLD 1985:49). Auch die von *v. Thünen* (1921) verfasste Theorie des isolierten Staates verfolgt den Gedanken der Wirtschaft als Einflussfaktor. Der Rentabilitätsgedanke prägt die landwirtschaftliche Nutzung in Gebieten unterschiedlicher Entfernung zum Konsumort. So lohnt sich aufgrund der Transportkosten eine kapitalintensive Produktion nur in Gebieten relativer räumlicher Nähe zum Absatzort, während in größerer Entfernung eher extensive Landwirtschaft betrieben wird, also der Produktionsfaktor Boden eine größere Rolle spielt. Auch die Form des Agrarmarktes ist für das Erscheinungsbild der Agrarwirtschaft von Bedeutung. In den meisten Ländern ist das freie Spiel der Marktkräfte durch staatliche Subvention oder Produktionskontingente stark eingeschränkt. Somit verschieben sich Flächennutzung und Anbaumethoden infolge von Interventionen.

Individuelle und soziale Faktoren

Neben den ökonomischen Einflussfaktoren spielen auch persönliche Determinanten eine Rolle bei der Entwicklung agrarischer Strukturen. Da die landwirtschaftliche Produktion keine bloße Kombination von Produktionsfaktoren ist, sondern das Ergebnis einer Vielzahl von Entscheidungen wirtschaftender Menschen, müssen bei der Erklärung von Strukturen laut *Arnold* (1985) folgende Faktoren in betracht gezogen werden:

- jeweilige Situation (persönlich wahrgenommene Struktur von Standortfaktor, Betriebsgröße, Absatzmöglichkeiten)
- personales System (pers. Präferenzen, Bedürfnisse, Wünsche, Ziele)
- soziales System (Verhaltensmuster, Rollenerwartungen, Normen-/Wertesystem der jeweiligen sozialen Gruppe)
- kulturelles System (ideologische Vorstellungen, religiöse/ethische Werte, Technologien, Verfahren)

Die Komplexität dieser Faktoren erlaubt an dieser Stelle keine ausführlichen Erklärungen, *Arnold* (1985:83ff) gibt jedoch einen ausführlichen Überblick über die Bedeutung der einzelnen Komponenten.

Politische Einflussfaktoren

Die Entwicklung und Gestaltung der Landwirtschaft wird maßgeblich von politischen Entscheidungen beeinflusst. Träger dieser Entscheidungen sind z.B. in Deutschland staatliche Institutionen bzw. die jeweiligen europäischen Einrichtungen, aber auch Körperschaften des öffentlichen Rechts wie Landwirtschaftskammern, Einfuhr- und Vorratsstellen und marketing boards (vgl. ARNOLD 1985:103). Wird durch die Agrarpolitik in markwirtschaftlichen Systemen bereits starker Einfluss genommen, so ist bzw. war in der planwirtschaftlichen Zentralverwaltungswirtschaft die Produktion in den Betrieben (Kolchosen, LPGs) komplett von staatlicher Seite vorgegeben. Als Motive für die starken Eingriffe in das Marktgeschehen nennt *Arnold* folgende Aspekte:

- Sicherstellung der Grundversorgung der Bevölkerung mit Nahrungsmitteln
- Einkommensdisparitäten im Vergleich zu nicht-landwirtschaftlichen Sektoren
- Rücksichtnahme auf ländliche Wählerschaft
- Organisation der ländlichen Bevölkerung in einflussreichen Interessensverbänden

3.1 physisch-geographische Einflussfaktoren

Trotz der Wichtigkeit der oben beschriebenen Faktoren muss bedacht werden, das die jeweilige naturgeographische Ausstattung die Möglichkeiten und Grenzen einer möglichen Landnutzung bestimmt. Somit sollten die physisch-geographischen Faktoren die Grundlage bei der Betrachtung eines Agrarraums bilden.

So beeinflusst das *Relief*, entstanden aus Wechselwirkungen zwischen Gesteinsuntergrund, Tektonik, Klima, Wasserhaushalt und Bodenbildung die landwirtschaftliche Nutzbarkeit. Der Form nach sind Gebiete wie Aufschüttungen von Tieflandströmen in Nordchina, die Beckenräume der Anden oder die ostafrikanischen Hochflächen besonders zur Nutzung geeignet. In Gebirgsgegenden mit Hangneigungen > 25° wird Ackerbau vermieden, da hier Arbeitsaufwand und Erosionsgefahr zu groß sind. Die Nutzung dieser Flächen beschränkt sich auf Grünland- oder Forstwirtschaft.

Gemeinsam mit dem Relief bestimmt das *Klima* die Verbreitungsspannen der einzelnen Nutzpflanzen. Maßgeblich sind bei dieser Betrachtung weniger die Durchschnittswerte einer Region, sondern die jeweiligen Extremwerte. Bei den *Temperaturen* ist neben der Höhe vor allem die Dauer bestimmter Werte von entscheidender Bedeutung. Sie bestimmt die Länge der Vegetationsperiode, also der Wachstum und Reife bedingenden Zeit. Während z.B. Waldbäume mindestens einen Monat mit durchschnittlichen Temperaturen von mehr als 10°C benötigen, muss dieser Wert bei Weizen bereits bei 4-5 Monaten liegen. Kakao verlangt schon Jahresdurchschnittswerte von 25°C, wobei die Schwankungen nur minimal sein dürfen. Entscheidend für alle Pflanzen ist außerdem die Dauer der frostfreien

Zeit. Während Kulturen wie Getreide oder Obstbäume der gemäßigten Zone zeitweilig Frost vertragen, müssen nicht frostverträgliche Nutzpflanzen entweder als einjährige Kulturen auf die frostfreie Zeit beschränkt bleiben, oder gänzlich in frostfreiem Klima gehalten werden. Die später noch ausführlich beschriebenen jeweiligen Klimazonen bieten unterschiedliche Vorraussetzungen bezüglich der Temperatur. Besonders günstig stellt sich z.B. die gemäßigte Zone hinsichtlich des wintermilden sowie sommer- und herbstwarmen Klimas für Frühgemüse, Getreide- und Weinanbau dar (vgl. SICK 1997:39)

In Verbindung mit den Temperaturen muss immer der *Niederschlag*, also die natürlich zur Verfügung stehende Wassermenge gesehen werden. Auch hier sind neben der Jahresniederschlagsmenge die zeitliche Verteilung und eventuelle Trockenperioden wichtig. Pflanzen benötigen gerade während der Wachstumsperiode viel Wasser, somit bieten die immer- und sommerfeuchten Gebiete hier Vorteile gegenüber den winterfeuchten. Für Pflanzen wie z.B. Wein oder Baumwolle stellt sich wiederum Trockenheit während Reife und Ernte als besonders günstig dar, während dauernder Niederschlag eher nachteilig ist. Dieser ist andererseits wichtig für Wald- und Grünlandgebiete. Die jeweiligen Nutzungsformen benötigen sehr unterschiedliche Gesamtniederschlagsmengen. Extensive Viehwirtschaft wird bereits ab 75 mm Niederschlag/Jahr möglich, während die Untergrenze für Regenfeldbau bei etwa 250 mm/Jahr liegt. Tropenkulturen wie Reis, Zuckerrohr, Jute oder Bananen verlangen sogar über 1500 mm Niederschlag/Jahr. Große Schwankungen der Niederschlagsmengen um bis zu 50% wirken sich besonders in sensiblen Gebieten wie in der Sahelzone oder in Australien aus, wo sie ein starkes Vor- oder Zurückweichen der Anbaugrenzen bewirken.

Neben der Niederschlagsmenge ist auch die Form wichtig. Feiner, stetiger Regen durchfeuchtet den Boden gut, während kurze heftige Güsse die Oberschicht leicht abschwemmen können. Schnee bildet einerseits schützende Decken für die Saat und Wasserspeicher im Hochgebirge, andererseits ist er bei Frost schädlich für Blüten und stellt bei der Schneeschmelze einen gefährlichen Erosionsfaktor dar. Auch die teilweise verheerende Wirkung von Hagelschauern sei hier erwähnt.

Auch der Einfluss der *Winde* ist nicht zu vernachlässigen. Während warmer Föhn im Frühjahr das Pflanzenwachstum vorantreibt, vernichten tropische Wirbelstürme viele Pflanzungen. Nachteilig wirken sich auch kalte Fallwinde wie Bora und Mistral im Mittelmeerraum aus. Heiße Winde steigern z.B. in Nordamerika in Nordafrika oftmals gefährlich die Verdunstung. Schäden verursachen Winde außerdem durch Austrocknung, Bodenauswehung und Sandanwehung (vgl. SICK 1997:40).

3.2 Natürliche Grenzen des Agrarraums

Die beschriebenen physisch-geographischen Faktoren bedingen natürliche Anbaugrenzen für verschiedene Nutzpflanzen. *Andreae* (1977) unterscheidet Polar- Höhen- Trocken- und Feuchtgrenzen, wobei er als mögliche weitere Einteilungen noch Boden und Hangneigung nennt. *Sick* (1997) nennt auch noch Meergrenzen.

Polargrenzen

Die Polargrenze des Ackerbaus wird bestimmt durch die Temperaturen der Sommermonate, die eine für Feldpflanzen ausreichende Wachstumsperiode garantieren müssen. Diese Vegetationsperiode beträgt mindestens 110 Tage, wobei kein Frost von unter –4°C vorkommen darf. Auch muss in kontinentalen Gebieten das Auftauen des Frostbodens gewährleistet sein (vgl. SICK 1997:43). Diese Anbaugrenze schwankt in Eurasien zwischen 60° und 70° N, in Nordamerika zwischen 53° und 65° N, auf der Südhalbkugel berührt sie nur Südamerika zwischen 46° und 55° S. Wie unterschiedlich die Polargrenzen für verschiedene Kulturpflanzen verlaufen, soll folgende Übersicht zeigen.

Tabelle 1, Polargrenzen ausgewählter Nutzpflanzen, eigene Darstellung nach SICK 1997, S. 44

Nutzpflanze	nördl./südl. Breite
Gerste, Hafer, Kartoffeln	70°
Sommerweizen	63°
Zuckerrüben	61°
Körnermais, Reis, Soja	45°-54°
Agrumen, Baumwolle, Tabak, Erdnüsse, Zuckerrohr, Tee	35°-42°
Kakao, Kaffee, Bananen, Maniok, Kautschuk	19°-25°
Kokospalmen, Ölpalmen	15°-16°

Höhengrenzen

Höhere Gebirgsteile werden durch diese Grenzen von den tiefer liegenden Gebieten getrennt. Grundsätzlich steigt die Höhengrenze mit der Temperatur von den Polen zum Äquator hin, wobei sie jedoch auch von Kontinentalität, Niederschlagshöhe, Hanglage oder Massenerhebung der Gebirge beeinflusst wird. Die höchsten Anbaugrenzen liegen somit nicht in den Tropen, sondern bei über 4000 m Höhe in Tibet, wo das trockene Klima und der Masseneffekt des Gebirges ausschlaggebend für die Temperaturen sind. Aus nachstehender Tabelle wird deutlich, wie unterschiedlich sich die Anbaugrenzen von

Kulturpflanzen gestalten, die sowohl in gemäßigten, als auch in tropischen Gebirgen gedeihen.

Tabelle 2, Höhengrenzen ausgewählter Nutzpflanzen, eigene Darstellung nach SICK 1997, S. 45

Weizen	1800 m (Alpen) - 3950 m (Tibet)
Kartoffeln	2000 m (Alpen) - 4300 m (Titicacasee)
Sommergerste	2100 m (Alpen) - 4750 m (Tibet)
subtropisch-tropische Gewächse	
Kakao	1300 m (Kolumbien)
Naßreis	2000 m (Indonesien)
Bananen	2000 m (Ostafrika)
Kaffee (arab.)	2350 m (Kolumbien)
Baumwolle	2400 m (Ecuador)
Zuckerrohr	2500 m (Ecuador)
Agrumen	2600 m (Ecuador)

Ähnlich der Polargrenze folgt auch jenseits der Höhengrenze die Stufe extensiver Weidewirtschaft. Nur selten wird die absolute Grenze der Landnutzung tatsächlich erreicht. Fehlende Rentabilität oder Bodenabschwemmung in steilen Hanglagen führen oftmals zu einer Bergflucht; häufig vollzieht sich auch ein Funktionswandel von der Agrar- zur Freizeitnutzung. Für manche Nutzpflanzen existiert auch eine Untergrenze: diese liegt z.B. innerhalb der Tropen für Weizen und Kartoffeln bei 1000 m, für europäisches Gemüse bei 700 m und für Tee bei 500 m.

Trockengrenzen

Die agronomische Grenze für den Regenfeldbau liegt bei 3-4 humiden Monaten, wofür je nach Temperatur etwas 250 – 1000 mm Niederschlag/Jahr nötig sind. Gebiete mit weniger Niederschlag bzw. zu hoher Verdunstung scheiden als Ackerbauflächen aus. Extensive Viehwirtschaft ist noch bei 1-2 humiden Monaten möglich. Durch künstliche Bewässerung, Trockenfarmen und trockenresistente Sorten kann die Trockengrenze zwar hinausgeschoben werden, allerdings bedarf es hier einem hohen Aufwand. Folgende Übersicht zeigt die Mindestwerte an Niederschlag/Jahr für einige ausgewählte Nutzpflanzen.

Tabelle 3, Mindestwerte an Niederschlag ausgewählter Nutzpflanzen, eigene Darstellung nach SICK 1997, S. 45

Nutzpflanze	*Niederschlagsmenge (mm/Jahr)*
Bananen	2000
Zuckerrohr	1500
Kakao	1300
Zuckerrüben	450
Kartoffeln	400
Weizen	300
Erdnuß	300
Hirse	250
Gerste	250

Feuchtgrenzen

Diese Grenzen umschließen Räume die durch Überschwemmungen, Moorbildung oder schwere, wasserstauende Böden eine landwirtschaftliche Nutzung ausschließen. Pflanzen mit besonderen Ansprüchen hinsichtlich eines trockenen Untergrunds wie etwa Sisal oder Hirse haben auch innerhalb anderweitig nutzbarer Räume ihre individuellen Feuchtgrenzen. Durch Maßnahmen wie Moorkultivierung, Entwässerung und Abflussregelung lässt sich die Feuchtgrenze zurückdrängen (vgl. SICK 1997:47).

Boden

Das auch der Boden eine mögliche landwirtschaftliche Nutzung einschränken kann, zeigt *Andreae* (1977:63) am Beispiel Malawis. So lagen zu diesem Zeitpunkt in dem stark überbevölkerten Land große Flächen brach, da die schweren Böden mit dem praktizierten Hackbau nicht bearbeitet werden konnten.

Eine besondere Stellung bei der Betrachtung des Bodens nehmen die Gebiete des tropischen Regenwaldes ein. Das Beispiel von Sumatra und Borneo zeigt, das die durch den starken Verwitterungsprozess und den geringen Restmineralgehalt bedingte, geringe Kationenaustauschkapazität einen großen Hemmfaktor für die Bodennutzung darstellt. Die schlechte Qualität des Bodens zeigt sich vor allem bei dem oftmals praktizierten Wanderfeldbau. Wenige Jahre nach dem Erschließen eines Feldes muss dieses wieder aufgegeben werden, da sich mit dem Unterbrechen des natürlichen Nährstoffkreislaufs des Systems Boden-Vegetation die dünne Humusschicht des tropischen Untergrunds nicht regenerieren kann (vgl. SCHOLZ 1984).

Hangneigung

Hinsichtlich der Begrenzung der landwirtschaftlichen Nutzung durch die Hangneigung macht *Andreae* einige Angaben über das heute selten gewordene System der Egart(en)wirtschaft (Wechsel von Getreideanbau mit Grasland aufgrund starker Verunkrautung bei hohen Niederschlagswerten) in den deutschsprachigen Alpenregionen. Unterschieden wird bei diesem System zwischen Naturegart, also dem Belassen der natürlichen Kräuter- und Gräserpopulation, und Kunstegart, also dem zusätzlichen säen von Gräsern (vgl. LESER 2001:157). Nach *Andreae* (1977:64) ergibt sich hier

- bei 40% Hangneigung Kunstegart mit 4 Ackerjahren
- bei 50% Hangneigung Kunstegart mit 3 Ackerjahren
- bei 60% Hangneigung Naturegart mit 2 Ackerjahren
- bei 70% Hangneigung Naturegart mit 1 Ackerjahr
- bei 80% Hangneigung Dauerwiese mit Vor- und Nachweide
- bei 100% Hangneigung Dauerwiese ohne Beweidung

Meergrenze

Diese natürliche Begrenzung des landwirtschaftlich nutzbaren Raums unterliegt einer ständigen Veränderung. Sturmfluteinbrüche und Abrasion einerseits sowie Neulandgewinnung andererseits bewirken Verkleinerung bzw. Vergrößerung des Nutzflächen und zeigen deutlich die Variabilität der Grenzen in der Auseinandersetzung Mensch-Natur (vgl. SICK 1997:46).

3.3 Die Klimazonen des Weltagrarraums

Die räumliche Ordnung der Weltlandwirtschaft, die ja den eigentlichen Gegenstand der Agrargeographie darstellt, kann nur dann richtig verstanden und erklärt werden, wenn sie in Zusammenhang mit den Klimazonen der Erde betrachtet wird. Sie sind der großräumigste differenzierende Faktor des gesamten agrarwirtschaftlich nutzbaren Raums der Erde. *Andreae* (1977) unterscheidet mit tropischen Regenklimaten, Trockenklimaten, humid warm-gemäßigten Klimaten und humid kühl-gemäßigten Klimaten vier Hauptgruppen, die jeweils noch untergliedert werden.

3.3.1 Tropische Regenklimate

Die tropischen Regenklimate werden häufig auch als „feuchte Tropen" oder „innere Tropen" bezeichnet. Aus agrargeographischer Sicht ist hier mindestens eine Untergliederung in drei Untergruppen erforderlich (vgl. ANDREAE 1977:36).

Zum einen ist das *Regenwaldklima* zu betrachten. Dieses ganzjährig feucht-heiße Klima findet sich im Kongobecken, an der Guinea-Küste, im Amazonasbecken und in großen Teilen Indonesiens. Kennzeichnend sind zwei Regenzeiten mit zusammen mindestens 1500 mm Niederschlag, kein Monat < 60 mm Niederschlag, eine ganzjährige Temperatur von 25°C – 28°C, sowie eine nur selten unterschrittene Luftfeuchtigkeit von 90%. Diese Voraussetzungen bedingen eine üppige, immergrüne Vegetation. Als begünstigte Kulturpflanzen sind im Regenwaldklima besonders Baum- und Strauchkulturen wie Kakao, Kautschuk, Ölpalme und Kokospalme zu nennen. Viehhaltung gestaltet sich in diesem Klima schwierig, ebenso verträgt der Mensch – zumindest die „weiße Rasse" – das ständig feucht-heiße Klima schlecht.

An den Regenwaldgürtel schließt sich nördlich und südlich die *Feuchtsavanne* an. Sie ist geprägt durch 6 – 8,5 humide Monate, 600 mm – 1500 mm Niederschlag/Jahr, eine lange Regenzeit im Sommer sowie eine kurze Trockenzeit im Winter. Viehhaltung ist hier aufgrund der gegenüber dem Regenwaldklima geringeren Seuchengefahr begrenzt möglich. Die geringe Nachfrage der relativ armen Bevölkerung hemmen die Viehzucht jedoch (vgl. ANDREAE 1977:37). Während in der Feuchtsavanne kaum noch die wasseranspruchsvollen Baumkulturen des Regenwaldes angebaut werden, sind hier bereits Buschbohne und Erdnuss, die für die Reife eine Trockenperiode benötigen, zu finden.

Die Regionen *tropischen Höhenklimas* sind nur schwer einzugrenzen, da hier je nach Hanglage, Höhe, Feuchtigkeit und Lichtverhältnis die verschiedensten Varianten auftreten. So sind neben den Regenklimaten auch Trockenklimate, und in den Höhenlagen der Anden und des Himalaya sogar arktische Klimaelemente zu beobachten. Allgemein können folgende Begrenzungen sind für manche Kulturpflanzen festgehalten werden (vgl. ANDREAE 1977:38):

- Höhenminimum: wirtschaftlicher Anbau von Kaffee ab 950 m, von Teff ab 1300 m, von Kartoffeln ab 1600 m und von Weizen erst ab 2000 m über N.N..
- Höhenspanne: Kaffe (coffea arabica) 950 m – 2000 m, Mais 0 m – 2800 m
- Höhengrenze (Beispiel Costa Rica): Reis 1000 m, Kaffee 1450 m, Gemüsebananen 1700 m, Mais, Kartoffeln und europäisches Gemüse 2800 m

3.3.2 Trockenklimate

Kennzeichnend für die Trockenklimate – man spricht hier auch von den äußeren Tropen – ist eine Anzahl von höchstens 6 humiden Monaten/Jahr. Im Gegensatz zu den tropischen Regenklimaten herrscht hier stets Wassermangel, was die landwirtschaftliche Nutzung erheblich einschränkt.

Die eindeutig den Tropen zugehörige Zone der *Trockensavanne* schiebt sich meist als schmaler Gürtel zwischen Feucht- und Dornsavanne ein. Weite Teile des Sambesi-Beckens, des südlichen Sahel oder des nördlichen Australien sind durch diese Klimazone geprägt. Das semiaride Klima mit nur 300 mm – 600 mm Regen/Jahr und der im Vergleich zur Feuchtsavanne längeren Trockenzeit erlaubt noch Ackerbau ohne Bewässerung. Allerdings stützt sich dieser im wesentlichen auf trockenresistente Fruchtarten wie Hirse, Erdnuss und Buschbohne. Die extensive Viehhaltung gewinnt in diesen Regionen zunehmend an Bedeutung, wobei die ökologischen Risiken einer Überweidung nicht zu vernachlässigen sind.

Die agronomische Trockengrenze, also die Grenze des Regenfeldbaus, bildet die Grenze zur *Dornsavanne*. Hier findet sich fast ausschließlich extensive Weidewirtschaft, da aufgrund des tiefen Grundwasserspiegels und der nicht ständig wasserführenden Flüsse Bewässerungswirtschaft kaum durchführbar ist. Der größte Teil Südwestafrikas, der Kalahari und der nördliche Teil des Sahel sind z.B. durch das Dornsavannenklima bestimmt.

Die agrargeographischen Bedingungen der Dorn- und Trockensavanne gleichen denen des *Steppenklimas*. Die Steppen liegen jedoch außerhalb der Wendekreise, was einige klimatische Veränderungen mit sich bringt. Die Niederschläge fallen meist im Winter, was eine Kombination aus großer Hitze und Futterarmut für die Tiere bedeutet. Auch das teilweise kontinentale winterkalte Klima erschwert die Viehzucht, da unter Umständen die Tiere durch Ställe geschützt werden müssen (vgl. ANDREAE 1977:41). Große Steppengebiete sind in Innerasien, in den intermountain-states der USA oder in der Spanischen Meseta zu finden.

Die ariden *Halbwüstenklimate* mit weniger als 100 mm Niederschlag/Jahr bilden aus agrargeographischer Sicht die extremste Ausprägung der Trockenklimate. Wie die von ihnen umschlossenen Wüsten liegen auch die Halbwüsten fast ausschließlich wendekreisnah. Teilweise ist hier stationäre Weidewirtschaft möglich, der Großteil lässt sich jedoch nur noch von Nomaden und Sammlern nutzen. Die Trockengrenze der Viehhaltung zieht sich mitten durch die Gebiete der Halbwüsten.

3.3.3 Humide warm-gemäßigte Klimate

Hier sind drei Gruppen zu nennen, die sich bezüglich Wärmeverhältnis, Niederschlagshöhe und –Verteilung stark unterscheiden (vgl. ANDREAE 1977:41).

Das *subtropisch sommertrockene Klima* findet sich im Mittelmeerraum, an den südlichen Schwarzmeerküsten, vom Kaukasus bis zum Persischen Golf, in Kalifornien und in Bereichen Südaustraliens. Die Landwirtschaft muss sich hier den warmen, feuchten Wintern und den trockenen, heißen Sommern anpassen. Somit besteht die Wahl zischen beschränktem Ackerbau in den Herbst- Winter- und Frühjahrsmonaten, dem Ausweichen auf Baum- und Strauchkulturen wie Wein, Oliven oder Mandeln oder dem Bewässerungsfeldbau. In den meisten Fällen wird eine Kombination diese Optionen gewählt.

Das *subtropisch sommerwarme Klima* großer Teile Chinas, des südlichen Japans oder der südöstlichen USA ist durch niedrigere Temperaturen und ausgeglichenere Niederschlagsverteilung gekennzeichnet. Zum Anbau geeignet sind z.B. Reis, Soja oder Gemüse. Bei ausreichend milden Wintern ist auch eine ganzjährige Pflanzenproduktion mit 2 – 3 Ernten möglich.

Das *marin sommerkühle* oder *ozeanische Klima* findet seine stärkste Verbreitung im mitteleuropäischen Raum. Charakteristisch sind milde Winter und kühle Sommer, was den Futterwuchs stark fördert und somit die Viehhaltung begünstigt. Hautanbaukulturen sind hier neben Hackfrüchten wie Zuckerrüben und Kartoffeln vor allem Getreide, wobei hier die Winteranbausorten bevorzugt werden. Andere, kleinere Gebiete dieses Klimatyps finden sich in Neuseeland, an der Südspitze Südamerikas und in Großteilen Südafrikas.

3.3.4 Humide kühl-gemäßigte Klimate

Die folgenden Klimate sind aus agrargeographischer Sicht weniger durch den Niederschlag als durch die niedrigen Temperaturen gekennzeichnet.

Für das *kontinental sommerwarme Klima* trifft dies allerdings nur für den Winter zu, was zu einer längeren Wachstumspause führt. In Bereichen dieses Klimas finden sich mit dem amerikanischen Corn-Belt, dem Großteil des Balkans und dem nördlichen China die größten Körnermaisanbaugebiete der Welt.

Im Einfluss des *kontinental sommerkühlen Klimas* nördlich des japanischen Meeres, Nordamerikas und Osteuropas reagiert die Landwirtschaft auf die länger und kälter werdenden Winter mit stärkerer Konzentration auf Sommergetreide und Futterbau.

Auf der nördlichen Hemisphäre schließt sich nun der Gürtel des *subarktischen Klimas* an. Sehr lange, kalte Winter und mäßig warme, feuchte Sommer charakterisieren diese Zone.

Große Teile Skandinaviens, der ehemaligen UDSSR und Kanadas liegen innerhalb dieser Klimazone. Dominant ist hier der mehrjährige Futterbau, da somit die ohnehin knappe Vegetationszeit nicht durch alljährlich zu bestellende Kulturen verloren geht.

Die hier vorgestellte Einteilung in Klimazonen ist aus agrargeographischer Sicht vorgenommen. Die polare Zone oder die Wüsten werden aufgrund der nicht vorhandenen Nutzungsmöglichkeiten nicht angesprochen.

4. Wichtige Betriebssysteme der Weltlandwirtschaft

Bei der Betrachtung landwirtschaftlicher Betriebssysteme kann hinsichtlich des Produktionsprogramms, der Betriebsvielfalt (Diversifikationsgrad) oder der unterschiedlichen Faktorkombination unterschieden werden. Die folgende Übersicht orientiert sich an der Unterscheidung nach dem Produktionsprogramm. Zu beachten ist allerdings, das die hier genannten Systeme häufig in Misch- oder Übergangsform auftreten (vgl. ANDREAE 1977:105ff)

4.1 Graslandsysteme

Die erste zu nennende Form eines Graslandsystems ist der *Weidenomadismus*. Dieser findet sich nur noch in Trockengebieten ungünstiger Lagen. Das Grundprinzip dieser Wirtschaftsform ist der Zwang zum Futterausgleich. Die Herden müssen zu diesem Zwecke Wanderbewegungen vollziehen, denen sich der Mensch anpassen muss. Eine abgewandelte Form dieses Systems ist die Wanderschäferei, deren wesentlicher Unterschied allerdings im aktiven Eingreifen des Menschen liegt.

Große Flächen in Bereichen geringen Niederschlags hinab bis zu 150 mm/Jahr kennzeichnen das System der *stationären extensiven Weidewirtschaft*. Neben der Niederschlagsmenge ist auch die Verkehrslage des jeweiligen Betriebs von Bedeutung, da sie bestimmt ob Milch verkauft werden kann, oder ob eine Beschränkung auf Aufzucht bzw. Mast von Rindern nötig ist. Das diese Wirtschaftsform nur auf großen Flächen möglich ist, liegt an den geringen Hektarerträgen und der typischen Kostenstruktur (hoher Fixkostenanteil; geringer Kostenanstieg mit zunehmender Fläche aufgrund der anzuschaffenden Maschinen).

Im Gegensatz zu der extensiven steht die *stationäre intensive Weidewirtschaft*. Diese zeichnet sich dadurch aus, das der Landwirt sich aktiv durch Futterzukauf dem Futtermangel anpasst. Aufgrund der vergleichsweise höheren Kosten ist dieses System vorwiegend in industrialisierten Staaten zu finden. *Andreae* (1977) unterscheidet weiter zwischen polarem, maritimem und montanem Futterbausystem. Die Kombination Ackerbau-Rindviehhaltung ist neben einigen Dauerkulturen im europäischen Raum die einzige Möglichkeit der Monoproduktion.

4.2 Ackerbausysteme

Die zumeist arbeitsintensiveren Ackerbausysteme zeichnen sich durch eine höhere Stoffausfuhr aus dem Betrieb aus, was einen zusätzlichen Düngemitteleinsatz erfordert.

Dies ist bei der *Urwechselwirtschaft* noch weniger der Fall, da hier durch Umlage der Anbauflächen der Boden genügend Zeit zur Regeneration hat. Die bekannte Problematik der shifting cultivation in den tropischen Regenwäldern zeigt jedoch, das mit zunehmendem Bevölkerungsdruck das ökologische Gleichgewicht aus den Fugen gerät.

Das als nächstes zu nennende Prinzip der *Feldgraswirtschaft* ist ebenfalls auf den Gedanken der Bodenregeneration aufgebaut. Hier wechseln einjährige Nutzpflanzen und Futterbau, wobei das Graswachstum durch verhältnismäßig hohe Niederschläge begünstigt wird (vgl. LESER 2001:200).

Die *Körnerbauwirtschaft* zeichnet sich durch eine höhere Intensität der Bewirtschaftung aus, da durch eine bestimmte Getreide-/Fruchtfolge die Brachezeit vermieden wird. Vor allem in warmen Ländern wie Nordchile oder Ägypten ist jedoch eine künstliche Bewässerung nötig, um zwei beispielsweise zwei Körnerfrüchte im Jahr anzubauen (vgl. ANREAE 1997:114). Kennzeichnend ist die hohe Arbeitsproduktivität.

Als letzte Variante eines Ackerbausystems ist die *Hackfruchtwirtschaft* zu nennen. Die sehr hohe Bodenproduktivität ist für die starke Verbreitung dieser Anbauform in dichtbesiedelten Ländern verantwortlich. Werden etwa kurzlebige Kulturen wie Kohl, Paprika oder Karotten angebaut, so können in günstigen Lagen (z.B. Süditalien) 5 – 8 Ernten im Jahr erzielt werden.

4.3 Dauerkultursysteme

Als charakteristische Merkmale von Dauerkulturen nennt *Andreae* (1977:116):

- Kein jährliches Pflanzen bzw. Säen
- Gute Kampkraft gegen Unkraut
- Gute Resistenz gegen Dürre aufgrund des tiefen Wurzelwerks
- Ertragslose Jungperiode
- Ernteerschwernisse durch Strauch- bzw. Baumwuchsform

Gliedern lassen sich verschiedene Dauerkultursysteme folgendermaßen:

Sammelwirtschaften waren die früheste Form menschlicher Betätigung überhaupt. Das „Wirtschaften" beschränkte sich auf das Einsammeln von z.B. wilden Ölpalmnüssen (Westafrika), Wildhonig (Tansania) oder wilden Kaffeebohnen (Äthiopien). Voraussetzung für dieses System sind ausreichend Arbeitskraft, große, besitzlose Flächen und Mangel an Kapital.

Die Abgrenzung von *Pflanzungen* zu den *Plantagen* erfolgt in erster Linie anhand der Art Weiterverarbeitung. Als Pflanzungen werden in Europa z.B. Weinreben, Apfel- und Zwetschgenbäume, Hopfen, Öl- und Mandelbäume bezeichnet, in den Tropen zählt man Öl- und Kokospalme sowie Kakao dazu (vgl. ANDREAE 1977:118). Ein Merkmal dieses Systems ist die meist bäuerliche Betriebsform. Als Plantagen werden hingegen nur marktorientierte, großbetriebliche Pflanzungen bezeichnet, die gleichzeitig über entsprechende Anlagen zur Ernteaufbereitung verfügen. Tee-, Zucker-, Sisal- oder Kaffeeplantagen wären hier passende Beispiele.

5. Aktuelle agrargeographische Probleme

Das größte landwirtschaftliche Problem der Gegenwart ist die bereits in der Einleitung genannte Unterernährung bzw. Mangelernährung eines Großteils der Bevölkerung der Entwicklungsländer. Der Lösungsansatz muss hier bei einer Veränderung der Anbauweisen gesucht werden. Dem System der Rodung und Nutzung – und damit der Degradierung der Böden – müssen Alternativen gegenübergestellt werden. Langfristig kann eine Steigerung der Nahrungsmittelproduktion in den tropischen Feuchtgebieten nur durch eine Intensivierung des Anbaus auf weniger labilen Böden als den ferralistischen erfolgen. Auch die landwirtschaftliche Produktionsweise in den Industrieländern bringt einige Probleme mit sich. Grundwasserbelastung durch Pestizide, gesundheitsgefährdende Schädlingsbekämpfungsmittel und verstärkte Forschung mit Genmanipulierten Pflanzen sind nur einige Fragestellungen, denen sich die heutige Agrargeographie zu widmen hat.

6. Fazit

Aufgrund der hohen Bevölkerungszuwächse und der Unterversorgung der Bevölkerung mit Nahrungsmitteln in den Entwicklungsländern der Erde muss es sich die Agrargeographie zur Aufgabe machen, Lösungsansätze für die Welternährungsproblematik zu gewinnen. Dabei ist es wichtig auf nachhaltige Systeme zu setzen, die ökologisch wie ökonomisch sinnvoll den erhöhten Nahrungsmittelbedarf decken. Eine besondere Verantwortung liegt hier bei den reichen Industrienationen, die die finanziellen, wissenschaftlichen und technischen Voraussetzungen für die notwendige Entwicklungshilfe in den entsprechenden Ländern haben. Gerade im Zuge der voranschreitenden Globalisierung ist deshalb zu beachten, das die Erde nur dann zu einem „globalen Dorf" werden kann, wenn für alle Menschen zumindest die Grundversorgung gesichert ist.

Literaturverzeichnis

ARNOLD, ADOLF (1985): *Agrargeographie*. Paderborn

ANDRAE, BERND (1977): *Agrargeographie*. Berlin – New York.

ANDRAE, BERND (1984): *Allgemeine Agrargeographie*. Berlin – New York.

GEROLD, GERHARD (2002): "Geoökologische Grundlagen nachhaltiger
   Landnutzungssysteme in den Tropen". In: *Geographische Rundschau 54*, Heft 5, S. 4-
   10

LESER, HARTMUT (Hrsg.) (2001): *Wörterbuch Allgemeine Geographie*, 12. Auflage
   Braunschweig.

OTREMBA, ERICH (1976): *Allgemeine Agrar- und Industriegeographie*. Stuttgart.

ROTHER, KLAUS (1988): „Agrargeographie". In: *Geographische Rundschau 40*, Heft 2, S.
   36-41

SCHOLZ, ULRICH (1984): „ Ist die Agrarproduktion der Tropen ökologisch benachteiligt?"
   In: *Geographische Rundschau 36*, Heft 7, S. 360-366

SICK, WOLF-DIETER (1997): *Agrargeographie*. (Das Geographische Seminar).
   Braunschweig.